Aneri K. Tankiwala

# Campos de Segurança: Compreender o Seguro de Colheita na Índia - Parte 2

Aneri K. Tankiwala

# Campos de Segurança: Compreender o Seguro de Colheita na Índia - Parte 2

Metodologia de Investigação

ScienciaScripts

**Imprint**



Cover image: www.ingimage.com

This book is a translation from the original published under ISBN 978-620-8-41849-6.

Publisher:
Sciencia Scripts
is a trademark of
Dodo Books Indian Ocean Ltd. and OmniScriptum S.R.L publishing group

120 High Road, East Finchley, London, N2 9ED, United Kingdom
Str. Armeneasca 28/1, office 1, Chisinau MD-2012, Republic of Moldova, Europe
Managing Directors: Ieva Konstantinova, Victoria Ursu
info@omniscriptum.com

Printed at: see last page
**ISBN: 978-620-8-63481-0**

# ÍNDICE DE CONTEÚDOS

# METODOLOGIA DE INVESTIGAÇÃO

Este capítulo descreve o procedimento seguido na seleção da conceção da investigação, dos instrumentos e das técnicas, incluindo o programa de entrevistas para a recolha de dados neste estudo. Inclui também as técnicas de amostragem utilizadas para a recolha de dados e as estatísticas utilizadas para a análise dos dados, que são explicadas nos pontos seguintes:

1.1 Área do estudo

1.2 Seleção das talukas

1.3 Seleção das aldeias

1.4 Seleção dos inquiridos

1.5 Conceção da investigação

1.6 Seleção de variáveis e respectivas medições

1.7 Construção e pré-teste do programa de entrevistas

1.8 Recolha de dados

1.9 Quadro estatístico utilizado para a análise dos dados

## 1.1 ÁREA DO ESTUDO

O estudo foi realizado no distrito de Bharuch, no sul de Gujarat, durante o ano de 2017-2018. O distrito de Bharuch está localizado na parte sul do estado de Gujarat, na costa oeste, ao longo do rio sagrado Narmada, e tem 9 talukas, nomeadamente Bharuch, Ankleshwar, Hanshot, Jhagadiya, Vagra, Jambusar, Valiya Amod e Netrang.

O distrito de Bharuch é um dos 33 distritos do estado de Gujarat, na Índia. Situa-se a uma latitude de 21,7 e a uma longitude de 73,00. O distrito de Bharuch faz fronteira a leste com o distrito de Narmada, a oeste com o Mar Arábico, a sul com o distrito de Surat e a norte com o distrito de Baroda. Este distrito pertence à Índia ocidental. O distrito de Bharuch também partilha a fronteira com o Golfo de Khambhat. A área total do distrito de Bharuch é de 6528 $km^2$ e a população total é de 1550822, de acordo com o censo de 2011. A sua taxa de alfabetização é de 83,03 por cento.

Bharuch tem um clima semi-árido com três estações distintas: monção (junho-setembro), inverno (outubro-janeiro) e verão (fevereiro-maio). Este distrito recebe a precipitação através da monção do sudoeste, que começa normalmente em meados de julho e cai normalmente até setembro. A precipitação normal do distrito de Bharuch é de 900 mm. A temperatura varia de 8,9 Celsius a 43,2 Celsius. dezembro e janeiro são os meses mais frios e abril e maio são os meses mais quentes do ano.

O distrito é rico em campos de algodão, banana e ervilha-de-angola. O distrito de Bharuch está sob a jurisdição da Universidade de Agricultura de Navsari, o distrito de Bharuch tem a Faculdade de

Agricultura, o Centro de Investigação do Algodão Desi, a Estação Regional de Investigação do Algodão e o Projeto Nacional de Investigação Agrícola. Um Krishi Vigyan Kendra também está a funcionar em Netrang. Tendo em conta todos estes factos, o presente estudo foi realizado propositadamente no distrito de Bharuch.

**Fig. 1: Mapa do distrito de Bharuch mostrando a área de estudo**

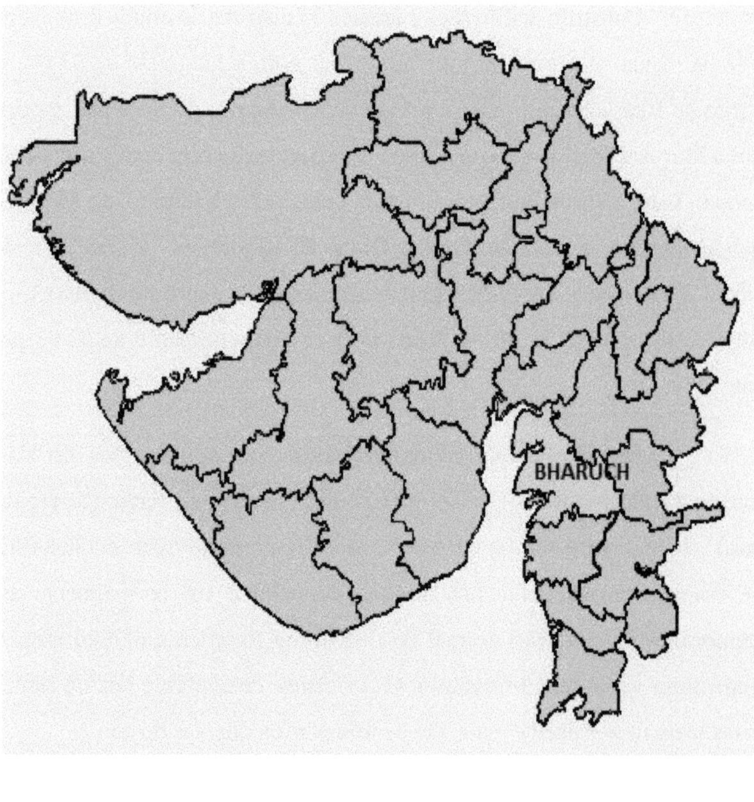

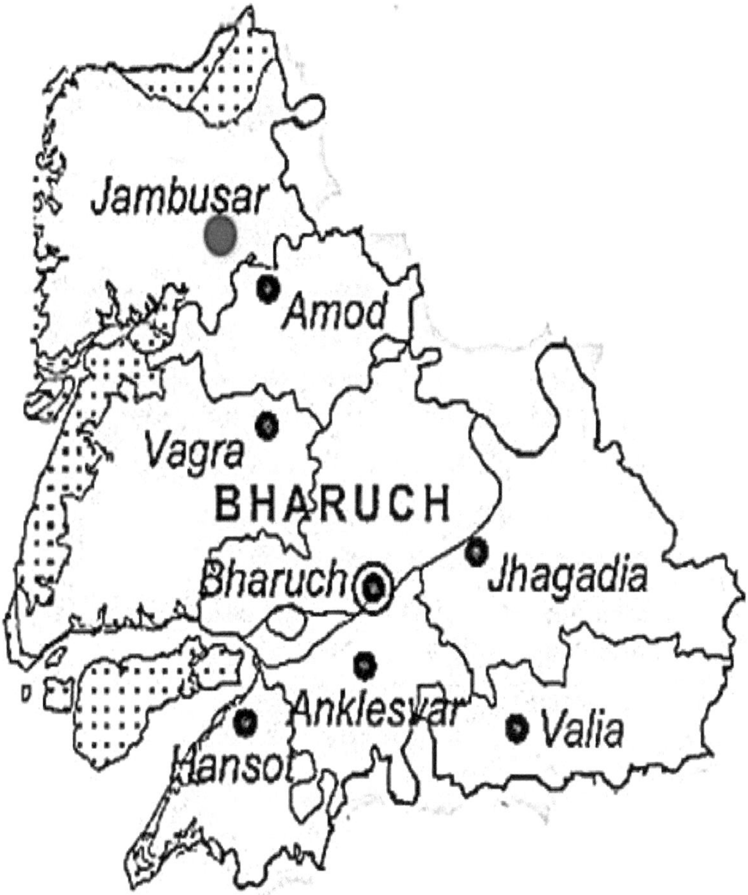
Jambusar
Amod
Vagra
BHARUCH
Bharuch
Jhagadia
Anklesvar
Valia
Hansot

## 1.2 SELECÇÃO DO TALUKA

No distrito de Bharuch, existem nove talukas: Bharuch, Ankleswar, Hanshot, Jhagadiya, Vagra, Jambusar, Valia Amod e Netrang.

Com base no número máximo de beneficiários do PMFBY em 2016-2017, o taluka de Jambusar foi selecionado para o presente estudo.

## 1.3 SELECÇÃO DAS ALDEIAS

A lista de aldeias foi recolhida junto do respetivo distrito panchayat com o número máximo de beneficiários do PMFBY. Foram selecionadas onze aldeias do taluka de Jambusar, que tem o número máximo de beneficiários do PMFBY.

## 1.4 SELECÇÃO DOS INQUIRIDOS

Para o estudo, foram selecionados dois tipos de inquiridos, com uma amostra total de 124. Em primeiro lugar, foram selecionados para o estudo 62 beneficiários do PMFBY de algodão irrigado e 62 produtores de algodão irrigado não beneficiários. Entre as onze aldeias selecionadas, foi utilizado o método de amostragem aleatória proporcional para a seleção dos 62 beneficiários. Para os não beneficiários, foi seguido o critério de igual dimensão da terra do beneficiário da mesma aldeia para a seleção.

Tendo em conta a vasta área geográfica abrangida pelo presente estudo, o comité consultivo de estudantes sugeriu limitar o número de inquiridos a 124. Tendo em conta o número total de inquiridos, foram selecionados para o estudo final os taluka e as aldeias, tal como apresentado provisoriamente no quadro 1.

**Quadro 1: Seleção dos inquiridos**

| **Nome do distrito** | **Taluka selecionada** | **Aldeias selecionadas** | **Dimensão da amostra** | |
|---|---|---|---|---|
| | | | Beneficiário inquirido | Inquirido não beneficiário |
| **BHARUCH** | Jambusar | Kareli | 17 | 17 |
| | | Uber | 17 | 17 |
| | | Tundaj | 08 | 08 |
| | | Nondhana | 05 | 05 |
| | | Vedach | 05 | 05 |
| | | Valipor | 03 | 03 |
| | | Bojadra | 02 | 02 |
| | | Khanva | 02 | 02 |
| | | Amanpur | 01 | 01 |
| | | Kora | 01 | 01 |
| | | Piludra | 01 | 01 |
| **Total** | 1 | 11 | 62 | 62 |

## 1.5 CONCEPÇÃO DA INVESTIGAÇÃO

A conceção ex-post-facto é qualquer investigação empírica sistemática em que as variáveis independentes não foram diretamente manipuladas porque já ocorreram ou porque não são inerentemente manipuladas. Além disso, os estudos ex-post-facto podem ser concebidos para deduzir teorias, identificar fenómenos comportamentais e explorar as condições em que um fenómeno ocorre (Kerlinger, 1976). Tendo em conta a adaptabilidade do desenho selecionado em relação ao tipo de variáveis em consideração, à dimensão dos inquiridos e aos fenómenos de estudo, o desenho ex-post-facto foi selecionado como um desenho de investigação adequado.

## 1.6 SELECÇÃO DE VARIÁVEIS E SUA MEDIÇÃO

### 1.6.1 Seleção de variáveis

No contexto do presente estudo, as variáveis mais relevantes foram analisadas a partir das revisões de investigação disponíveis e apresentadas pelo investigador ao comité consultivo de estudantes. Após uma discussão rigorosa, foram finalizadas quinze variáveis independentes e duas variáveis dependentes.

**Quadro 2: Informações sobre as variáveis e as suas medidas empíricas**

| N.º Sr. | Variáveis | Medições |
|---|---|---|
| A | **Variáveis independentes** | |
| 1 | Idade | Idade cronológica dos inquiridos. |
| 2 | Educação | Foi utilizada a escala desenvolvida por Trivedi (1963). |
| 3 | Tamanho da família | Foi utilizada a escala desenvolvida por Pandya (2010). |
| 4 | Exploração de terras | Foi utilizada a escala desenvolvida por Pandya (2010). |
| 5 | Experiência agrícola | Foi utilizada a escala desenvolvida por Silvakumar (1988). |
| 6 | Rendimento anual | Foi utilizada a escala desenvolvida por Pandya (2010). |
| 7 | Participação social | Foi utilizada a escala desenvolvida por Pandya (2010). |

| | | |
|---|---|---|
| **8** | Fonte de informação | Foi utilizada a escala desenvolvida por Pandya (2010). |
| **9** | Exposição aos meios de comunicação social | Foi utilizada a escala desenvolvida por Nirban (2004). |
| **10** | Contacto de extensão | Foi utilizada a escala desenvolvida por Patil (1994). |

| **B** | **Variáveis dependentes** | |
|---|---|---|
| **1** | Conhecimentos sobre o "Pradhan Mantri Fasal Bima Yojana". | Foi utilizado o calendário da estrutura. |
| **2** | Perceção em relação ao "Pradhan Mantri Fasal Bima Yojana". | Foi utilizado o calendário da estrutura. |

Posteriormente, todos os membros do comité consultivo de estudantes concordaram com a seleção das variáveis. As caraterísticas pessoais, sociais, económicas, comunicacionais e psicológicas dos inquiridos foram consideradas variáveis independentes, enquanto os conhecimentos e a perceção foram considerados variáveis dependentes. As técnicas/escalas de medição adequadas das variáveis independentes foram também selecionadas a partir dos recursos disponíveis; no entanto, o calendário estruturado foi desenvolvido com a ajuda de peritos para as variáveis para as quais não existiam técnicas de medição adequadas.

Uma descrição detalhada das variáveis dependentes e independentes finalizadas para o estudo, juntamente com a sua medição empírica, foi apresentada na tabela 2.

### 1.6.1.1 Variáveis independentes

#### 1.6.1.1.1 Idade

A idade foi operacionalizada como a idade cronológica dos inquiridos em anos completos no momento da entrevista. A idade dos inquiridos foi apurada com a ajuda de perguntas diretas e os dados recolhidos foram categorizados em três grupos, sendo atribuída a cada grupo uma pontuação, ou seja, (i) idade jovem (até 35 anos) 1 pontuação, (ii) meia-idade (entre 36 e 50 anos) 2 pontuação, (iii) idade avançada (acima de 50 anos) 3 pontuação. A frequência de cada categoria aplicável aos inquiridos foi somada e convertida em percentagem. Posteriormente, os mesmos dados foram utilizados para determinar a correlação com as variáveis dependentes.

| N.º Sr. | Categorias etárias | Gama de classes | Pontuação |
|---|---|---|---|
| 1 | Jovem | Até 35 anos | 1 |
| 2 | Médio | Entre 36 e 50 anos | 2 |
| 3 | Antiga | Mais de 50 anos | 3 |

#### 1.6.1.1.2 Formação académica

A educação pode ser operacionalizada como a educação formal recebida por um beneficiário individual. Os dados a este respeito foram recolhidos e a pontuação foi atribuída conforme sugerido pela escala desenvolvida por Pandya (2011) com as devidas modificações. Os dados foram categorizados em três grupos com a ajuda da média e do desvio padrão. Posteriormente, as respostas por categoria foram ponderadas por pontuação para determinar a correlação com as variáveis dependentes.

| **N.º Sr.** | **Nível de escolaridade** | **Categorias** | **Pontuação** |
|---|---|---|---|
| 1 | Primário | Até ao 7º ano. | 1 |
| 2 | Secundário | Do 8º ao 12º ano. | 2 |
| 3 | Faculdade e superior | Licenciatura ou pós-graduação | 3 |

#### 1.6.1.1.3 Dimensão da família

É definida como o número total de membros da família do inquirido. Os inquiridos foram categorizados em três categorias e foram determinadas as suas frequências e percentagens. Seguiu-se o padrão de pontuação de acordo com Pandya (2010), com as devidas modificações. A frequência de cada categoria aplicável aos inquiridos foi somada e convertida em percentagem. Posteriormente, as respostas por categoria foram ponderadas por pontuação para determinar a correlação com a variável dependente.

| N.º Sr. | Categorias de tamanho da família | Categorias | Pontuação |
|---|---|---|---|
| 1 | Pequeno | Até 4 membros | 1 |
| 2 | Médio | 5 a 7 membros | 2 |
| 3 | Grande | 8 e mais membros | 3 |

#### 1.6.1.1.4 Exploração de terras

Esta variável foi operacionalizada como o número de acres de terra possuídos e utilizados por eles para a sua subsistência. Trata-se de uma variável importante que determina o estatuto económico e social de um indivíduo. A posse de terra foi medida com uma escala desenvolvida por Pandya (2011). As informações sobre o número total de terras pertencentes aos beneficiários foram classificadas em três categorias. Posteriormente, as respostas por categoria foram ponderadas por pontuação para determinar a correlação com as variáveis dependentes.

| N.º Sr. | Categorias de explorações agrícolas | Gama de classes | Pontuação |
|---|---|---|---|
| 1 | Pequeno | Até 2,00 acres | 1 |
| 2 | Médio | Entre 2,01 e 5,00 acres | 2 |
| 3 | Grande | Acima de 5,00 acres | 3 |

#### 1.6.1.1.5 Experiência agrícola

A experiência agrícola refere-se aos anos passados pelo inquirido na agricultura, bem como nas empresas com ela relacionadas. Os dados a este respeito foram recolhidos e as pontuações foram atribuídas de acordo com a escala desenvolvida por Silvakumar (1988) com algumas modificações. Os dados foram categorizados em três grupos: (i) menor experiência agrícola (até 13 anos), (ii) experiência agrícola moderada (entre 14 e 24 anos), (iii) maior experiência agrícola (acima de 24 anos). A frequência de cada categoria aplicável aos inquiridos foi somada e convertida em percentagem. Posteriormente, as respostas por categoria foram ponderadas por pontuação para determinar a correlação com a variável dependente.

| N.º Sr. | Nível de experiência agrícola | Gama de classes | Pontuação |
|---|---|---|---|

| | | | |
|---|---|---|---|
| 1 | Inferior | Até 13 anos | 1 |
| 2 | Moderado | Entre 14 e 24 anos | 2 |
| 3 | Mais alto | Mais de 24 anos | 3 |

#### 1.6.1.1.6 Rendimento anual

O rendimento anual inclui o montante de dinheiro ganho durante o ano pelos membros da família, proveniente de fontes agrícolas e não agrícolas. A posição económica sólida e a sua utilização em actividades polivalentes de desenvolvimento da família/sociedade só são possíveis quando o dinheiro está disponível. De acordo com o nível de rendimento anual total dos membros, as famílias foram agrupadas em três categorias. Posteriormente, as respostas por categoria foram ponderadas por pontuação para determinar a correlação com as variáveis dependentes.

| N.º Sr. | Categorias de rendimento anual | Gama de classes | Pontuação |
|---|---|---|---|
| 1 | | Até Rs. 50.000/- | 1 |
| 2 | Médio | Rs. 50,001 a 1,00,000/- | 2 |

| 3 | | Acima de Rs. 1,00,000/- | 3 |
|---|---|---|---|

#### 1.6.1.1.7 Participação social

A participação social foi operacionalizada como o grau de envolvimento dos beneficiários no número de organizações sociais. Foi medida com a ajuda da escala desenvolvida por Pandya (2011) com as devidas modificações. As respostas dos beneficiários foram classificadas em diferentes grupos de acordo com o seu nível de participação na organização. O peso da idade foi atribuído a cada resposta para determinar a correlação com a variável dependente.

| N.º Sr. | Participação social | Pontuação |
|---|---|---|
| 1 | Não ser membro de nenhuma organização | 0 |
| 2 | Ser membro de uma organização | 1 |
| 3 | Ser membro de mais do que uma organização | 2 |
| 4 | Posição na organização | 3 |

#### 1.6.1.1.8 Utilização da fonte de informação

Esta variável refere-se ao facto de receber ou obter informações agrícolas mais recentes de várias fontes, como amigos, familiares, agricultores progressistas, líder da aldeia, gram sevak, funcionário da extensão agrícola, funcionário de desenvolvimento de taluka, funcionário de desenvolvimento distrital, Universidade Agrícola, Krishi Vigyan Kendra e centro de serviços agrícolas. Os dados a este respeito foram recolhidos e a pontuação foi atribuída conforme sugerido pela escala desenvolvida por Pandya (2010) com as devidas modificações.

| N.º Sr. | Categorias de fontes de informação utilizadas | Gama de classes | |
|---|---|---|---|
| | | Beneficiários | Não beneficiários |
| 1 | Raramente | Até 3,39 | Até 6,51 |
| 2 | Ocasionalmente | 3,40 a 7,12 | 6,52 a 11,94 |
| 3 | Regularmente | Mais de 7,13 | Mais de 11,95 |

Os dados recolhidos foram agrupados em três categorias, utilizando a média e o desvio padrão. As respostas foram medidas numa escala contínua de três pontos: regularmente, ocasionalmente e raramente, com uma pontuação de 3, 2 e 1, respetivamente. A pontuação foi atribuída a cada resposta para determinar a correlação com a variável dependente.

### 1.6.1.1.9 Exposição aos meios de comunicação social

A exposição aos meios de comunicação social refere-se ao contacto do inquirido com os meios de comunicação social, nomeadamente a rádio, a televisão, a Internet, o jornal, a revista agrícola, o centro de atendimento Kisan, os filmes agrícolas e a publicação de extensão. Para medir esta variável, foi utilizada a escala desenvolvida por Nirban (2004) com as devidas modificações. Foram atribuídas pontuações aos inquiridos por terem recebido conhecimentos sobre agricultura e empresas associadas de cada um dos meios de comunicação social selecionados. Foi atribuída a pontuação de 2 para sempre, 1 para ocasionalmente e 0 para nunca. Assim, a pontuação cumulativa foi obtida através da soma das pontuações dos inquiridos para todos os meios de comunicação social enumerados no calendário. Com base na pontuação total obtida pelos inquiridos, estes foram agrupados em três categorias, nomeadamente "inferior", "moderada" e "superior", com a ajuda da média e do desvio-padrão. Posteriormente, as respostas por categoria foram ponderadas por pontuação para determinar a correlação com as variáveis dependentes.

| N.º Sr. | Categorias de exposição aos meios de comunicação social | Gama de classes | |
|---|---|---|---|
| | | Beneficiários | Não beneficiários |

| 1 | Mais baixo | Até 3,78 | Até às 6h30 |
|---|---|---|---|
| 2 | Moderado | 3,79 a 6,57 | 6,31 a 9,25 |
| 3 | Mais alto | Mais de 6,58 | Mais de 9,26 |

### 1.6.1.1.10 Contacto de extensão

É operacionalizada como a frequência dos contactos dos inquiridos com o pessoal da extensão e com os departamentos de desenvolvimento durante o ano, com vista a obter orientação sobre questões relacionadas com a agricultura em geral. Para medir esta variável foi utilizado o procedimento seguido por Patil (1994). Assim, foram enumerados sete funcionários da extensão e foi utilizado o procedimento de pontuação para duas ou mais vezes por semana - 5, uma vez por semana - 4, uma vez por noite forte - 3, uma vez por mês - 2, sempre que ocorre um problema - 1 e para nenhum contacto - foi atribuída uma pontuação de 0.

| **N.º Sr.** | **Categorias de contactos de extensão** | **Gama de classes** | |
|---|---|---|---|
| | | **Beneficiários** | **Não beneficiários** |
| 1 | Inferior | Até 4,26 | Até 4,05 |

| 2 | Moderado | 4,27 a 7,63 | 4,06 a 7,70 |
|---|---|---|---|
| 3 | Mais alto | Mais de 7,64 | Mais de 7,71 |

As pontuações de todas as pessoas contactadas pela extensão foram somadas para se obter a pontuação total do contacto com a extensão. Com base nas pontuações totais obtidas pelos inquiridos, estas foram agrupadas em três categorias, nomeadamente "inferior", "moderada" e "superior", com a ajuda da média e do desvio padrão. Posteriormente, as respostas por categoria foram ponderadas pela pontuação para determinar a correlação com as variáveis dependentes.

### 1.6.1.1.11 Orientação para os riscos

Esta variável foi operacionalizada como o grau em que um indivíduo está orientado para o risco e a incerteza e tem coragem para enfrentar os problemas. Foi utilizada a escala desenvolvida por Supe (1969), com algumas modificações. Esta escala era constituída por quatro afirmações positivas e duas negativas. As categorias de resposta eram "concordo", "indeciso" e "discordo", com uma pontuação de 3, 2 e 1 para as afirmações positivas e de 1, 2 e 3 para as negativas, respetivamente. Para esta variável, a pontuação máxima foi de 18 e a mínima de 6. As pontuações foram calculadas através da soma de cada resposta e categorizadas utilizando a média e o desvio padrão. As categorias são as seguintes. Posteriormente, os mesmos dados foram utilizados para determinar as correlações com as variáveis dependentes.

| N.º Sr. | Níveis de orientação para o risco | Gama de classes | |
|---|---|---|---|
| | | Beneficiários | Não beneficiários |
| 1 | Mais baixo | Até 9.45 | Até 7,91 |
| 2 | Moderado | 9,46 a 12,87 | 7,92 a 12,60 |
| 3 | Mais alto | Mais de 12,88 | Mais de 12,61 |

#### 1.6.1.1.12 Motivação económica

A escala de motivação económica avalia o sucesso do indivíduo em termos de maximização do lucro. A motivação económica dos inquiridos foi medida utilizando a escala desenvolvida por Supe (1969) com as devidas modificações. Há seis afirmações, que foram ponderadas numa escala contínua de três pontos, ou seja, 3, 2 e 1 para as afirmações positivas e, para as afirmações negativas, foi aplicada a pontuação inversa. Para esta variável, a pontuação máxima foi de 18 e a mínima de 6. As pontuações foram calculadas através da soma de cada resposta e categorizadas utilizando a média e o desvio padrão. As categorias são as seguintes. Posteriormente, os mesmos dados foram utilizados para determinar as correlações com as variáveis dependentes.

| N.º Sr. | | Gama de classes |
|---|---|---|

|  | **Níveis de motivação económica** | **Beneficiários** | **Não beneficiários** |
|---|---|---|---|
| **1** | Mais baixo | Até 9,02 | Até 8,37 |
| **2** | Moderado | 9,03 a 12,91 | 8,38 a 12,78 |
| **3** | Mais alto | Mais de12,92 | Mais de 12,79 |

### 1.6.2 Medição de variáveis dependentes

#### 1.6.2.1 Nível de conhecimentos

O conhecimento pode ser definido como a informação compreendida que um indivíduo possui relativamente ao PMFBY. Os conhecimentos dos agricultores sobre o Pradhan Mantri Fasal Bima Yojana foram medidos através de um questionário estruturado com vinte e três perguntas de escolha múltipla. A pergunta foi elaborada com base nos relatórios/documentos disponíveis no sítio Web do PMFBY. Foi atribuída uma pontuação à informação completa sobre a pergunta, enquanto a pontuação zero foi atribuída à ausência de informação sobre as perguntas.

A pontuação máxima possível era de vinte e três e a pontuação mínima possível era de zero. A categorização foi efectuada através da utilização da média e do desvio-padrão para os conhecimentos, como se indica a seguir. Posteriormente, os mesmos dados foram utilizados para determinar as correlações com as variáveis independentes.

| N.º Sr. | Níveis de conhecimento | Gama de classes | |
|---|---|---|---|
| | | Beneficiários | Não beneficiários |
| 1 | Mais baixo | Até 13,14 | Até 4,39 |
| 2 | Moderado | 13,15 a 16,66 | 4,40 a 9,18 |
| 3 | Mais alto | Mais de 16,67 | Mais de 9,20 |

### 1.6.2.2 Nível de perceção

De acordo com o Learner's Dictionary, o termo "perceção" significa a capacidade de compreender ou de se aperceber facilmente de algo. Em termos simples, é um processo ativo de tomada de consciência ou de obtenção de uma compreensão significativa de uma situação ou de um aspeto. A perceção dos agricultores sobre o Pradhan Mantri Fasal Bima Yojana foi medida através de um calendário estruturado com dezanove afirmações. Cada afirmação foi avaliada numa escala contínua de cinco pontos, *ou seja,* concordo totalmente, concordo, indeciso, discordo e discordo totalmente, com uma pontuação de 5, 4, 3, 2 e 1, respetivamente. As afirmações foram preparadas com base nos relatórios/documentos disponíveis no sítio Web do PMFBY.

| N.º Sr. | Níveis de perceção | Gama de classes |
|---|---|---|

| | | Beneficiários | Não beneficiários |
|---|---|---|---|
| 1 | Inferior | Até 45,50 | Até 42,56 |
| 2 | Moderado | 45,51 a 61,32 | 42,57 a 56,92 |
| 3 | Mais alto | Mais de 61,33 | Mais de 56,93 |

A pontuação máxima possível era de noventa e cinco e a pontuação mínima possível era de dezanove. A categorização foi efectuada de acordo com a média e o desvio-padrão da perceção, tal como indicado acima.

### 1.6.3 Associação entre variáveis independentes e dependentes

O conhecimento das PMFBY varia consoante as suas condições locais. Nesta situação, o perfil pessoal, como a idade, a educação, a dimensão da família, a propriedade fundiária, o rendimento anual, a experiência agrícola, a participação social, a fonte de informação, a exposição aos meios de comunicação social, o contacto com a extensão, a orientação para o risco e a motivação económica desempenham um papel muito importante. Para determinar a associação entre os conhecimentos e as variáveis de perfil, utilizou-se o coeficiente de correlação (*r*).

### 1.6.4 Medição dos condicionalismos e sugestões

Os constrangimentos referem-se aos itens de dificuldades enfrentados por um indivíduo num determinado projeto ou esquema. Foi pedido aos inquiridos que mencionassem os constrangimentos. As opiniões sobre os seus constrangimentos foram somadas e convertidas em frequência e percentagem. Por fim, foi atribuída uma classificação a cada constrangimento.

Tendo em conta os condicionalismos enfrentados pelos agricultores beneficiários do Pradhan Mantri Fasal Bima Yojana, foi-lhes pedido que dessem a sua valiosa sugestão/opinião com base na sua experiência para ultrapassar os condicionalismos. As respostas foram somadas e convertidas em frequências e percentagens. Posteriormente, estas foram apresentadas por ordem de classificação.

## 1.7 CONSTRUÇÃO E PRÉ-TESTE DA ENTREVISTA CALENDÁRIO

Tendo em conta os vários objectivos do estudo, foi elaborado um programa de entrevistas para recolher as informações necessárias. Antes de iniciar a recolha de dados, o questionário foi apresentado ao membro do Comité Consultivo de Estudantes e aos membros do corpo docente. O questionário foi dividido em três partes. A primeira parte baseava-se no perfil dos inquiridos, a segunda parte referia-se aos conhecimentos e ao nível de perceção dos agricultores em relação ao Pradhan Mantri Fasal Bima Yojana e a terceira parte referia-se aos constrangimentos e sugestões.

Para testar cada pergunta/declaração e eliminar a ambiguidade do instrumento de medição, foi efectuado o pré-teste e incorporada a correlação necessária. Antes da entrevista, foi criada uma atmosfera amigável com os inquiridos. Em seguida, foram informados sobre a importância e o objetivo do estudo. Depois de ganhar a sua confiança, foi-lhe apresentado um programa de entrevistas. Durante a entrevista, outras informações, opiniões, sugestões e expressões narradas pelos beneficiários foram também registadas para efeitos de fundamentação.

O programa de entrevistas foi concebido para a recolha dos dados. Em primeiro lugar, o programa de entrevistas foi preparado na versão inglesa, tendo em conta os objectivos do estudo e os antecedentes dos inquiridos. Ao preparar o programa, o investigador obteve orientação do conselheiro principal, do comité consultivo e do pessoal docente do Departamento de Educação para a Extensão, NMCA, NAU, Navsari. As sugestões dadas por eles foram incorporadas no programa pelo investigador.

Em seguida, o programa foi convertido na língua local dos inquiridos, ou seja, guzerate.

## 1.8 RECOLHA DE DADOS

Após a finalização do projeto de investigação e do plano de entrevistas, os dados foram recolhidos através do método da entrevista pessoal. Para atingir os objectivos definidos, foi adotado o método de inquérito no terreno. Todos os beneficiários foram contactados pessoalmente pelo investigador para a recolha de dados. O investigador apresentou-se aos beneficiários e explicou-lhes a finalidade da visita, os objectivos e a importância do estudo e pediu a sua colaboração para o estudo. Depois de se ter estabelecido uma boa relação com eles, foram-lhes pedidas, uma a uma, as informações necessárias de acordo com o calendário preparado e as suas respostas foram registadas. Foram envidados todos os esforços possíveis para manter um ambiente familiar, sem desconforto e sem influências externas, a fim de obter a opinião dos inquiridos com o menor efeito possível de subjetividade. Os inquiridos que não estavam presentes no momento da entrevista foram abordados pela segunda vez. O trabalho efetivo de recolha de dados foi realizado durante o período compreendido entre a primeira semana de março e a segunda semana de abril de 2018. Para realizar uma investigação frutuosa, foram também registadas as observações casuais, as suas expressões verbais e as suas opiniões simbólicas.

## 1.9 QUADRO ESTATÍSTICO UTILIZADO PARA A ANÁLISE DOS DADOS

Adoptando a metodologia acima explicada, o estudo foi realizado; os dados foram recolhidos, processados e analisados. Alguns dos dados foram objeto de análise em termos de percentagem e frequências sempre que necessário, enquanto que em alguns locais foram calculados a média e o desvio padrão. O coeficiente de correlação de Pearson foi utilizado para medir a relação entre as variáveis independentes e dependentes. Todas as respostas ao questionário foram transferidas para a folha principal para descrever as caraterísticas sociopessoais, económicas e psicológicas, tendo sido assinaladas as frequências e calculadas as percentagens. O resultado da presente investigação foi apresentado nos capítulos seguintes.

### 1.9.1 Frequência (f)

O número de vezes que uma variável se repete é designado por frequência.

### 1.9.2 Percentagem (%)

Uma proporção no contexto da centena.

### 1.9.3 Classificação

Uma ordem de acordo com algumas caraterísticas estatísticas.

### 1.9.4 Média ( )$\bar{X}$

A média é o resultado da soma de todos os itens da série dividida pelo número de itens. A fórmula é a seguinte.

$$\bar{X} = \frac{\sum xi}{n}$$

Onde,

$\bar{X}$ = Média

xi = Pontuação individual

n = Número total de inquiridos.

### 1.9.5 Desvio padrão (S.D.)

Este valor pode ser obtido pela raiz quadrada da média dos desvios quadrados da média.

$$S.D. = \sqrt{\sum_{i=1}^{n} (Xi - \bar{X})^2 / (n-1)}$$

Onde,

S.D. = Desvio padrão

$X_i$ = Pontuação individual

$\bar{X}$= Média

### 1.9.6 Coeficiente de correlação (*r*)

A associação entre variáveis dependentes e independentes, quer positiva quer negativamente, é conhecida como correlação de coeficiente. A fórmula do coeficiente de correlação é a seguinte

$$r = \frac{\sum xy}{\sqrt{\sum x^2 - \sum y^2}}$$

Onde,

xy = (X-$\bar{X}$ ) (Y-$\bar{Y}$ ), soma do produto dos desvios de X e y em relação à sua média

$x^2$ = (X-$\bar{X}$ $)^{(2)}$, soma do quadrado do desvio em relação à média ( )$\bar{X}$

$y^2$ = (Y-$\bar{Y}$ $)^{(2)}$, soma dos quadrados do desvio em relação à média ( )$\bar{Y}$

### 1.9.7 t - valor

Para o t de significância, o valor "t" foi calculado pela fórmula;

$$t = \frac{r.\sqrt{n-2}}{\sqrt{1-r^2}}$$

Onde,

t = Teste de significância

r = Coeficiente de correlação

n = Número total de inquiridos

O valor calculado de "t" foi comparado com o valor de "t" da tabela com n-2 graus de liberdade a um nível de probabilidade de 5 por cento.

## REFERÊNCIAS


Anónimo (2009). Corporação de Desenvolvimento de Recursos Hídricos de Andhra Pradesh, Governo de Andhra Pradesh. *Managing historical flood.* pp.55.

Anónimo (2018). Relatório do Departamento de Agricultura, Cooperação e Bem-Estar dos Agricultores, Governo da Índia.

Adsul, G. (2016). Impacto socioeconómico da Missão Nacional de Horticultura nos seus beneficiários na região de Marathwada. Tese de doutoramento (não publicada), Vasantrao Naik Marathwada Krishi Vidyapeeth, Parbhani.

Alawa, P. (2014). Um estudo sobre o conhecimento e a atitude dos agricultores beneficiários sobre o programa ATMA no distrito de Dhar de Madhya Pradesh. Tese de Mestrado (Agri.) não publicada, Rajmata Vijayaraje Scindia Krishi Vishwa Vidyalaya, Gwalior.

Bagri, R. (2011). Um estudo sobre a perceção da utilidade do programa de aldeia de sementes entre os agricultores de um bloco selecionado de Rewa, no distrito de Madhya Pradesh. Tese de Mestrado (Agri.) não publicada, Jawaharlal Nehru Krishi Vishwa Vidyalyaya, Jabalpur.

Barkule, S. (2008). Knowledge and adoption of selected government agriculture development schemes by farmers. Tese de Mestrado (Agri.) não publicada, Universidade Agrícola de Marathwada. Parbhani.

Bhende, M. (2005). Departamento de Análise e Investigação Económica e Banco Nacional para a Agricultura e o Desenvolvimento Rural, Documento de Trabalho Ocasional 44, pp.87-92.

Charel, J. (2016). Perceção e eficiência de uso do Cartão de Saúde do Solo pelo agricultor do distrito de Navsari. Tese de Mestrado (Agri.) não publicada, N.A.U., Navsari.

Choudhary, K. (2011). Um estudo sobre o impacto do programa de formação profissional conduzido pelo Krishi Vigyan Kendra nas mulheres rurais para a geração de rendimento e emprego no distrito de Narsinghpur, Madhya Pradesh. Tese de Mestrado (Agri.) não publicada, Jawaharlal Nehru Krishi Vishwa Vidyalaya, Jabalpur.

Choudhary, S. (2014). Impacto do projeto RKVY nos beneficiários da aquicultura interior implementado por K.V.K. Navsari. Tese de Mestrado (Agri.) não publicada, N.A.U., Navsari.

Choudhry, V. (2010). Um estudo sobre o impacto do Programa de Desenvolvimento de Bacias Hidrográficas na produtividade das principais culturas cultivadas pelos beneficiários do bloco Katangi do distrito de Balaghat. Tese de Mestrado (Agri.) não publicada, Jawaharlal Nehru Krishi Vishwa Vidyalaya, Jabalpur.

D. Meena. (2016). Conhecimento e atitude dos agricultores sobre os programas de extensão agrícola no distrito de Krishna de Andhra Pradesh. Tese de Mestrado (Agri.) não publicada, Acharya N.G. Ranga Agricultural University, Andhra Pradesh.

Dande, S. (2017). Conhecimento e atitude dos agricultores em relação ao regime de seguro de colheitas. Tese de Mestrado (Agri.) não publicada, VNMKV, Parbhani.

Dawar, G. (2011). Um estudo sobre o comportamento de reembolso dos beneficiários do utilizador do cartão de crédito Kisan do bloco Thikari do distrito de Barwani de Madhya Pradesh. Tese de Mestrado (Agri.) não publicada, Jawaharlal Nehru Krishi Vishwa Vidyalaya, Jabalpur.

Dhaka, S. (2013). Impacto do cartão de crédito Kisan nos agricultores do distrito de Banswara, Rajastão. Tese de Mestrado (Agri.) não publicada, Universidade de Agricultura e Tecnologia Maharana Pratap, Udaipur.

Dhayal, B. L. e Bairathi, R. (2017). Nível de conhecimento dos inquiridos em relação ao PMCIS em tehsil Salumber e tehsil Sarada distrito de Udaipur. *Revista indiana de educação de extensão e desenvolvimento rural.* Volume 25. pp.72-75.

Dhayal, B. L., Bairathi, J. e Sharma, A. (2018). Perceção dos agricultores em relação ao regime de seguro de colheitas Pradhan Mantri. *Indian Res. J. Ext. Edu.* 18 (1):53-57.

Dupdal, R., e Patil, B. L. (2017). Análise económica da sensibilização e perceção do agricultor sobre o seguro de colheitas baseado no clima como ferramenta de mitigação contra a variabilidade climática no norte de Karnataka. *Revista Internacional de Comércio e Gestão Empresarial.* **2**(10):77-82.

Gardhariya, K. (2013). Análise estratégica da Farm School trabalhando sob ATMA no sul de Gujarat. Tese de Mestrado (Agri.) não publicada, N.A.U., Navsari.

Godeshwar, P. (2012). Um estudo sobre o impacto do esquema de aldeia de sementes de Krishi Vigyan Kendra no distrito de Dindori de Madhya Pradesh. Tese de Mestrado (Agri.) não publicada, Jawaharlal Nehru Krishi Vishwa Vidyalyaya, Jabalpur.

Governo da Índia. (2018). Ministério da Agricultura e do Bem-Estar dos Agricultores, *Diretrizes Operacionais para Pradhan Mantri Fasal Bima Yojana.* pp.1-14.

Goudappa, S.B., Reddy, B. S. e Chandrashekhar, S. M. (2012). Perceção e sensibilização dos agricultores sobre o seguro de colheitas em Karnataka *Indian Research Journal Of Extension Education,* Edição Especial (Vol. 2): 218-222.

Gyansingh, G. (2015). Estudo sobre o comportamento de reembolso dos beneficiários de empréstimos agrícolas do bloco Jobat do distrito de Alirajpur em M.P. Tese de Mestrado (Agri.) não publicada, Rajmata Vijayaraje Scindia Krishi Vishwa Vidyalaya, Gwalior.

Hirwe, R. (2016). Um estudo sobre o impacto do regime do cartão de crédito Kisan entre os agricultores beneficiários no bloco de Maheshwar, distrito de Khargone de M.P. Tese de mestrado não publicada (Agri.), Rajmata Vijayaraje Scindia Krishi Vishwa Vidyalaya, Gwalior.

Indian Famine Commission, (1880). *Famine relief.* Parte I, pp.17.

J.Sundar e Lalitha Ramakrishnan (2013). A study on farmers awareness, perception and willing to join and pay for crop insurance. *Jornal Internacional de Negócios e Invenção de Gestão.* **2**(1):48-54.

Jadhav, K. (2011). Imagem e impacto de Krlshi Vigyan Kendra Vyara e Ambheti do sul de Gujarat. Tese de Mestrado (Agri.) não publicada, N.A.U., Navsari.

Jamkhandi, G. (2018). Nova praga que devasta a cultura do milho em Karnataka. *The Times of India.*

Jarve, C. (2011). Um estudo analítico sobre o impacto do NHM entre os beneficiários no distrito de Khargone, Madhya Pradesh. Inédito M.Sc. (Agri.) Thesis, Rajmata Vijayaraje Scindia Krishi Vishwa Vidyalaya Gwalior.

Jatav, R. (2009). Um estudo sobre o impacto do Projeto Distrital de Iniciativa contra a Pobreza (DPIP) com referência à utilização de crédito para irrigação menor entre os agricultores tribais do bloco de Sidhi do distrito de Sidhi. Tese de Mestrado (Agri.) não publicada, Jawaharlal Nehru Krishi Vishwa Vidyalaya, Jabalpur.

Kale, J. (2011). Conhecimento e atitude dos agricultores em relação ao Regime Nacional de Seguro Agrícola. Tese de Mestrado (Agri.), (Não publicada). Vastro Nayak Marathawada Krishi Vidhyapeeth, Parbhani.

Kallungal, D. (2018). Inundações em Kerala: Produção agrícola gravemente afetada. *The New India Express.*

Kansana, V. (2008). Impacto do Programa de Desenvolvimento de Bacias Hidrográficas no distrito de Morena de Madhya Pradesh. Tese de Mestrado (Agri.) não publicada, Jawaharlal Nehru Krishi Vishwa Vidyalaya, Jabalpur.

Kranthi, K. R. (2015). Cotton Statistics and News. *publicação semanal* da Cotton Association of India. 1st Dec, No. 35. pp.5.

Kerlinger, F. N. (1976). *Foundation of Behavioral Research,* Nova Deli, Surjeet Publication: 198-204.

Kharkwal, A. (2017). Benefícios de esquemas económicos governamentais selecionados obtidos por mulheres rurais de Udaipur. Tese de ciências domésticas, (não publicada). Universidade de Agricultura e Tecnologia Maharana Pratap, Rajastão.

Kharkwal, A. e Maheshwari, S. (2018). Benefícios obtidos pelas mulheres rurais de Udaipur com o Rashtriya Krishi Beema Yojana. *Agric. Sci. Digest.*, **38** (2):139-142.

Kumar, S., D. B. C. Barahb, C.R. Ranganathana, R. Venkatrama, S. Gurunathana e S. Thirumoorthya. (2011). An analysis of farmers perception and awareness towards crop insurance as a tool for risk management in Tamil Nadu. *Agricultural Economics Research Review.* **24**:37-46.

Kushwah, M. (2016). Um estudo sobre o impacto da Farmer Field School no conhecimento e nível de adoção dos produtores de trigo no distrito de Ujjain de Madhya Pradesh. Tese de Mestrado (Agri.) não publicada, Rajmata Vijayaraje Scindia Krishi Vishwa Vidyalaya, Gwalior.

Lamkane, Y. (2018). Atitude dos agricultores em relação à recomendação do Cartão de Saúde do Solo. Tese de Mestrado (Agri.) Não publicada, Vasantrao Naik Marathwada Krishi Vidyapeeth, Parbhani.

Lopamudra, M., Dahiwal, R. K., e Kaur, M. (2016). Conhecimento dos agricultores sobre o esquema de seguro agrícola em Punjab. *Indian Research Journal of Extension Education* **16** (1):49-53.

Maheshwari, S. (2014). Geração de meios de subsistência de tribais através do RKVY no distrito de Banswara do Rajastão. Tese de Mestrado (Agri.) não publicada, Universidade de Agricultura e Tecnologia Maharana Pratap, Udaipur.

Malviya, A. (2017). Um estudo sobre o comportamento de reembolso dos utilizadores de cartões de crédito Kisan do bloco de Shajapur do distrito de Shajapur. Tese de Mestrado (Agri.) não publicada, Rajmata Vijayaraje Scindia Krishi Vishwa Vidyalaya. Gwalior.

Mewara, Y. (2005). Impact of Watershed Development Programme on dynamics of farmers' lifestyle in Sehore district. Tese de Mestrado (Agri.) não publicada, Jawaharlal Nehru Krishi Vishwa Vidyalaya, Jabalpur.

More, S. (2014). Perceção dos beneficiários sobre o programa de escolas de campo para agricultores na região de Konkan, em Maharashtra. Tese de doutoramento (Agri.) não publicada, Dr. Balasaheb Sawant Konkan Krishi Vidhyapith, Dapoli.

Mukti, A. (2016). Perceção dos agricultores em relação ao cartão de saúde do solo - um estudo no distrito de Tikamgarh de Madhya Pradesh. Tese de Mestrado (Agri.) não publicada, Jawaharlal Nehru Krishi Vishwa Vidyalaya, Jabalpur.

Nargaven, M. (2010). Estudo sobre o padrão de utilização do cartão de crédito Kisan entre os agricultores tribais para o desenvolvimento agrícola no bloco Manpur do distrito de Umaria. Tese de Mestrado (Agri.) não publicada, Jawaharlal Nehru Krishi Vishwa Vidyalaya, Jabalpur.

Nayak, Y. (2017). Perceção e nível de consciencialização dos agricultores sobre o seguro de colheitas em Odisha: Um estudo de caso de aldeias selecionadas do bloco Champua no distrito de Keonjhar. **5**(4):57-63.

Nirban, A. J. (2004). Analysis of the agricultural produce market committee in Konkan and Western Maharashtra with preference to their potential role in Agricultural Market Extension. Tese de doutoramento (não publicada), M.P.K.V., Rahuri.

Padmanabhan, S. Y. (1973). The great Bengal famine, *Annual Review of Phytopathology,* **11** : 11-24.

Pandya, C. D. (2010). Uma análise crítica do estatuto socioeconómico dos seguidores da agricultura biológica do Sul de Gujarat. Tese de doutoramento (Agri.), N.A.U., Navsari

Parmar, S. (2009). Um estudo sobre o comportamento de reembolso dos beneficiários do esquema de cartões de crédito Kisan no bloco de Sehore do distrito de Sehore de Madhya Pradesh. Tese de Mestrado (Agri.) não publicada, Jawaharlal Nehru Krishi Vishwa Vidyalaya, Jabalpur.

Parmar, V. (2014). Conhecimento e atitude dos agricultores em relação ao uso do Kisan Call Center na região sul de Gujarat. Tese de Mestrado (Agri.) não publicada, N.A.U., Navsari.

Patel, G.G., Lakum, Y.C., Mishra. A. e Bhatt J.H. (2017). Consciência e conhecimento sobre testes de solo e perceção de utilidade do Cartão de Saúde do Solo. *Int.J.Curr.Microbiol.App.Sci* , 6(10): 329-334.

Patil, S. C. (1994). National Agricultural Extension Project (NAEP) as perceived by farmers and extension personnel of Department of Agricultural Science, Dharwad.

Rathore, P. (2016). Impact of Integrated Watershed Management Programme on sustainable rural livelihood of beneficiary farmers (Impacto do programa de gestão integrada de bacias hidrográficas na subsistência rural sustentável dos agricultores beneficiários). Jawaharlal Nehru Krishi Vishwa Vidyalaya, Jabalpur.

Samota, S. (2015). Avaliação dos regimes nacionais de seguro agrícola e de seguro de colheitas baseado no clima para o trigo no sul do Rajastão. Tese de doutoramento (Agri.) não publicada, Universidade de Agricultura e Tecnologia Maharana Pratap, Udaipur.

Singh, V. (2017). Um estudo sobre o impacto da Missão Nacional de Segurança Alimentar na produtividade e no rendimento dos beneficiários de grão-de-bico nos distritos de Bemetara e Mungeli, em Chhattisgarh. Tese de Mestrado (Agri.) não publicada, Indira Gandhi Krishi Vishwa Vidyalaya, Raipur.

Sinha, N. (2007). Um estudo sobre o impacto do Programa de Desenvolvimento de Bacias Hidrográficas na produtividade das principais culturas dos beneficiários do bloco Shahpura do distrito de Jabalpur. Tese de Mestrado (Agri.) não publicada, Jawaharlal Nehru Krishi Vishwa Vidyalaya, Jabalpur.

Silvakumar, B. (1988). Utilização do suporte de informação para sensibilização, convicção e adoção de medidas de controlo da mosca branca do algodão por agricultores com e sem contacto. Tese de mestrado (agro), TNAU, Coimbatore.

Supe, S. V. (1969). Factors related to different degree of rationality in decision making among farmers, tese de doutoramento, IARI, Nova Deli.

Surve, R. N., Jondhale, S. G., e Sarnaik, S. D. (2005). A study on attitude of farmers towards National Agricultural Insurance Scheme in Parbhani and Hingoli districts of Maharashtra (Um estudo sobre a atitude dos agricultores em relação ao Regime Nacional de Seguro Agrícola nos distritos de Parbhani e Hingoli de Maharashtra). *J. Soils and Crops.* 15(2):356-359.

Suryawanshi, P. D. (2002). Knowledge level of farmwomen about Rural Development Programmes with special reference to women development programmes. Tese de Mestrado (Agri.) não publicada, Universidade Agrícola de Marathwada, Parbhani.

Thirumagal, J. (2016). Estudo sobre inclusão financeira e PMJDY: um estudo empírico realizado na aldeia de Mulshi taluka no distrito de Pune. *Jornal Indiano de Ciência e Tecnologia,* **9**(45):1-6.

Trivedi, G.(1963). Measurement and analysis of socio-economic status of rural families, tese de doutoramento, Division of Agricultural Extension, I.A.R.I., New Delhi.

Vohra, F. (2016). Atitude dos agricultores em relação a Krishi Vigyan Kendra Navsari do sul de Gujarat. Tese de mestrado não publicada (Agri.), N.A.U., Navsari.

Vora, R. (2017). Inundação de Gujarat. *The Hindu Business line.* https://www.thehindubusinessline.com/economy/agri-business/gujarat-flood-crop-losses-put-at-867-cr/article9830319.ece

MIX
Papier aus verantwortungsvollen Quellen
Paper from responsible sources
FSC® C105338

Printed by Books on Demand GmbH, Norderstedt / Germany